BEI GRIN MACHT SICH IHR WISSEN BEZAHLT

- Wir veröffentlichen Ihre Hausarbeit, Bachelor- und Masterarbeit

- Ihr eigenes eBook und Buch - weltweit in allen wichtigen Shops

- Verdienen Sie an jedem Verkauf

Jetzt bei www.GRIN.com hochladen und kostenlos publizieren

Daniel Wurster

Chinas Aufstieg zur Weltwirtschaftsmacht - strategische Ansätze auf regionaler Ebene

GRIN Verlag

Bibliografische Information der Deutschen Nationalbibliothek:

Die Deutsche Bibliothek verzeichnet diese Publikation in der Deutschen National-
bibliografie; detaillierte bibliografische Daten sind im Internet über http://dnb.d-
nb.de/ abrufbar.

Impressum:

Copyright © 2005 GRIN Verlag GmbH
Druck und Bindung: Books on Demand GmbH, Norderstedt Germany
ISBN: 978-3-640-48215-3

Dieses Buch bei GRIN:

http://www.grin.com/de/e-book/52683/chinas-aufstieg-zur-weltwirtschaftsmacht-
strategische-ansaetze-auf-regionaler

Chinas Aufstieg zur Weltwirtschaftsmacht - strategische Ansätze auf regionaler Ebene

Eine Arbeit im Rahmen des Seminars
Entwicklungsstrategien
WS 2005/2006

Autor:
Daniel Wurster

eingereicht am 13.12.2005

Inhaltsverzeichnis

I) <u>Einleitung</u>

China, das bevölkerungsreichste Land der Erde, besticht externe Beobachter vor allem durch seine Gegensätzlichkeit. Aus wirtschaftlicher Betrachtungsweise ist es das kontinuierlich hohe Wirtschaftswachstum, das teilweise im zweistelligen Bereich lag und auch in eher schwachen Konjunkturphasen deutlich über den Werten westlicher Industrienationen liegt. Durch die hohe Bevölkerungszahl, die zunehmend über immer mehr Kapital verfügt, entsteht ein Marktpotential, das ausländischen Investoren hohe Gewinnchancen verspricht. Im Gegenzug dazu ist China durch die hohe Anzahl an Arbeitskräften und extrem niedrigen Lohnkosten dazu in der Lage, Güter zu Preisen herzustellen, die andere Anbieter stark unter Druck setzen. Dieser Aspekt führt zugleich in den sozialen Bereich, in dem vor allem die Kritik an schlechten Arbeitsbedingungen, Ausbeutung der ArbeiterInnen, Unterbindung von Gewerkschaftsvertretungen und Verstöße gegen die Menschenrechte in den Vordergrund treten.

China ist ein Land, das polarisiert. Es hat einen langen Weg angetreten, der aus der fast vollständigen politischen und wirtschaftlichen Isolierung über die Planwirtschaft hin zu einer sozialistischen Marktwirtschaft chinesischer Prägung führt. Dieser Weg ist gekennzeichnet durch verschiedene Ansätze zur Lösung wirtschaftlicher sowie sozialer Probleme und Missstände.

Im Rahmen dieser Arbeit, die unter Leitung von Frau Prof. Martina Fromhold-Eisebith im Seminar Entwicklungsstrategien erstellt wurde, soll der Fokus auf die regionale Ebene gerichtet sein. Ziel ist es, verschiedene strategische Ansätze zu untersuchen, die zur Entwicklung der Wirtschaft implementiert wurden. Um den gegebenen regionalen Strukturen und den damit verbundenen Problemen Rechnung zu tragen, werden am Beginn der Arbeit einige ausgewählte Provinzen dargestellt. Im weiteren Verlauf sollen die Auswirkungen der Industrialisierungspolitik unter Mao Zedong aufgezeigt werden. Schließlich werden einige spezielle Entwicklungsstrategien im Rahmen der Öffnungspolitik unter Deng Xiaoping angesprochen. Besondere Aufmerksamkeit wird hierbei auf die Sonderwirtschaftszonen und die daraus abgeleiteten spezialisierten Formen als Experimentierfeld im Bereich der Marktwirtschaft gelegt. Zudem werden am Beispiel der T-Strategie und dem Entwicklungsleitplan für Westchina die Bemühungen einer regionalen Integration aufgezeigt. Die jeweiligen Strategien werden in Bezug auf ihre Auswirkungen auf regionale Disparitäten und wirtschaftliche Entwicklung untersucht.

II) **China in Zahlen**

Bevor das Augenmerk auf die Hintergründe und im Anschluss daran auf die verschiedenen Entwicklungsansätze gerichtet wird, werden im Vorfeld grundlegende Daten und Fakten zu China aufgeführt. Dabei wird der Maßstab von der nationalen auf die provinziale Ebene heruntergebrochen, wobei hier bereits auf die großregionale Einteilung in Ost- und Westchina eingegangen wird. Die großregionale Gliederung ist deshalb wesentlich, weil viele der Probleme und Lösungsansätze sich nicht auf einzelne Provinzen beziehen, sondern auf Regionen, die mehrere Provinzen einschließen können.

II.1) Daten auf nationaler Ebene

Abb.1: China

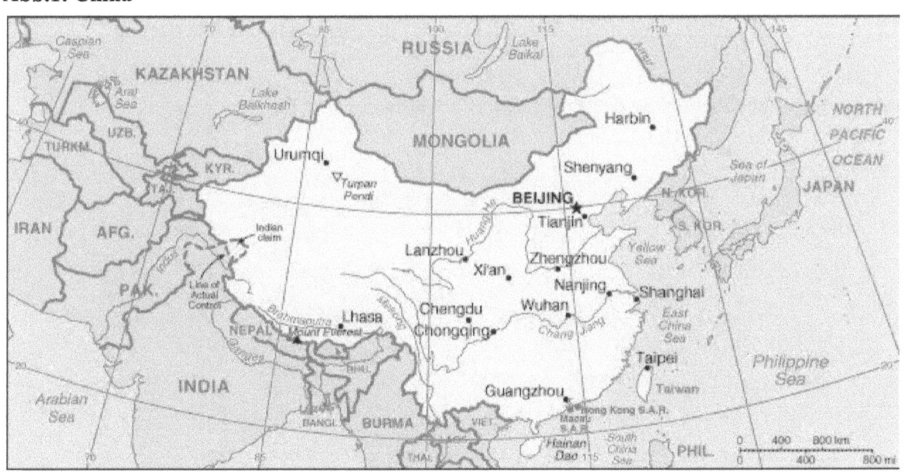

Quelle: http://www.cia.gov/cia/publications/factbook/geos/ch.html

Mit einer Gesamtfläche von 9.596.960 Quadratkilometern ist China das viertgrößte Land der Welt und zählt 1.306.313.812 Einwohner (Stand Juli 2005) (vgl. http://www.cia.gov/cia/publications/factbook/geos/ch.html), dies entspricht einem Fünftel der Weltbevölkerung. In der Hauptstadt Beijing leben derzeit etwa 7,49 Millionen, in der gesamten Stadtprovinz über 14 Millionen Menschen (Stand Januar 2005) (vgl. http://de.wikipedia.org/wiki/Peking). Am 1. Januar 1912 wurde die kaiserliche Herrschaft der Manchu Dynastie durch eine Republik ersetzt, am 1. Oktober 1949 wurde schließlich die Volksrepublik China gegründet. Derzeit amtierender Präsident ist Hu Jintao (seit dem 15. März

2003). Regierende Partei ist die KPCh (Kommunistische Partei Chinas), ihr stehen acht kleinere Parteien gegenüber, die allerdings keine politische Macht innehaben und somit nicht als Opposition angesehen werden können (vgl. http://www.cia.gov/cia/publications/factbook/geos/ch.html).

Das Bruttoinlandsprodukt betrug im Jahr 2004 7, 262 Billionen Dollar und erzielte ein Wachstum von 9,1%. Das BIP pro Kopf betrug 5.600 Dollar (2004)[1]. Nach Sektoren entfallen auf die Landwirtschaft 13,8%, Industrie 52,9% sowie Dienstleistungen mit 33,3%. Etwas anders sind die Arbeitsplätze verteilt. 49% entfallen auf den primären, 22% auf den sekundären sowie 29% auf den tertiären Sektor. Die Arbeitslosenquote betrug 2003 etwa 20% und etwa 10% der Bevölkerung leben unterhalb der Armutsgrenze. Die vier wichtigsten Exportpartner sind die USA (21,1%), Hong Kong (17%), Japan (12,4%) und Südkorea (4,7%), die vier wichtigsten Importpartner Japan (16,8%), Taiwan (11,4%), Südkorea (11,1%) und die USA (8%) (vgl. http://www.cia.gov/cia/publications/factbook/geos/ch.html).

II.2) Daten auf Provinzebene unter Bezugnahme auf die großregionale Gliederung

Abb.2: Politische Gliederung der Volksrepublik China

Quelle: http://de.wikipedia.org/wiki/Bild:China_administrative.png

---

[1] Zum Vergleich: Österreich weist hier einen Wert von 31.300 Dollar auf (vgl. http://www.cia.gov/cia/publications/factbook/geos/au.html)

Im Rahmen dieser Arbeit wird das Hauptaugenmerk auf die administrative Großgliederung Chinas gerichtet. Es handelt sich dabei um 33 Verwaltungseinheiten, die als Provinzen bezeichnet werden. Eine Feingliederung unterscheidet hierbei nochmals vier Unterkategorien. Zum Einen 22 Provinzen, weiters vier regierungsunmittelbare Städte, zwei Sonderverwaltungszonen sowie fünf autonome Gebiete. In Tabelle 1 werden diese differenziert aufgelistet.

Tabelle 1: Provinzen bzw. Gebiete mit Provinzstatus (Stand Januar 2005)

Provinzen

Name	Fläche (km2)	Einwohner
Anhui	139.057	61.706.238
Fujian	123.603	35.801.740
Gansu	464.186	26.184.538
Guangdong	177.933	97.383.035
Guizhou	176.505	36.407.728
Hainan	34.353	8.112.834
Hebei	187.991	69.602.378
Heilongjiang	432.477	36.704.334
Henan	166.499	93.652.065
Hubei	185.125	61.692.449
Hunan	211.836	64.406.395
Jiangsu	97.607	75.176.989
Jiangxi	167.430	41.398.079
Jilin	192.105	27.502.884
Lianoning	147.785	42.600.752
Qinghai	716.693	5.001.307
Shaanxi	205.693	36.641.032
Shandong	156.867	92.809.165
Shanxi	157.023	34.415.373
Sichuan	491.146	83.725.263
Yunnan	393.734	44.948.507
Zhejiang	103.900	47.964.394

Regierungsunmittelbare Städte

Name	Fläche (km2)	Einwohner
Beijing	16.808	14.933.274
Chongqing	82.403	31.610.196
Shanghai	6.341	17.805.281
Tianjin	11.632	10.315.894

Autonome Gebiete

Name	Fläche (km2)	Einwohner
Guangxi	241.410	44.553.455
Innere Mongolei	1.218.698	24.259.735
Ningxia	55.461	5.900.848
Xinjiang	1.774.034	19.988.711
Tibet	1.268.947	2.810.767

Sonderverwaltungszonen

Name	Fläche (km2)	Einwohner
Hong Kong	1.085	6.961.931
Macau	24	480.956

Quelle: Leicht verändert durch den Autor, übernommen von http://de.wikipedia.org/wiki/Provinz_%28China%29

Eines der wichtigsten umstrittenen Gebiete ist Taiwan, welches von der chinesischen Regierung als Provinz angesehen wird, grundsätzlich aber unabhängig ist. Autonomiebewegungen werden von chinesischer Seite durch die Androhung militärischer Intervention zu unterbinden versucht (vgl. http://de.wikipedia.org/wiki/Taiwan).

Im Entwicklungsleitplan der chinesischen Regierung werden oft nur zwei Großregionen unterschieden, die vor allem durch ihren unterschiedlichen wirtschaftlichen Entwicklungsstand gekennzeichnet sind und daher besonders in Bezug auf Entwicklungsstrategien als Gesamtheit betrachtet werden. Um diesem Umstand Rechnung zu tragen, werden nachfolgend die beiden Großregionen West- und Ostchina voneinander abgegrenzt und hinsichtlich wirtschaftlich und sozial relevanter Daten kurz skizziert. Aufgrund der großen Anzahl an Provinzen werden nachfolgend jeweils drei Provinzen exemplarisch aufgeführt.

II.2.1) Ostchina

Die ostchinesischen Provinzen sind durch eine Vielzahl von Faktoren in ihrer wirtschaftlichen Entwicklung seit der Öffnung Chinas bevorzugt gewesen. Vor allem durch die Küstenlage, die benachbarte Lage zu den wirtschaftlich gut entwickelten Gebieten Taiwan und Hong Kong, sowie die Öffnung von 14 Küstenstädten.
Aus diesem Grund ist es sinnvoll, die ostchinesischen Provinzen auch als Gesamtheit zu betrachten. Die östlichen Grenzen der Provinzen Innere Mongolei, Shaanxi, Chongqing, Guizhou sowie Guangxi stellen die Grenze zwischen Ost- und Westchina dar (vgl. www.china-embassy.ch/ger/5/2/1/t188169.htm).

II.2.1.1) Guangdong

Guangdong, im Südosten des Landes gelegen, zählt nach den regierungsunmittelbaren Städten Beijing, Shanghai und Tianjin zu den reichsten Provinzen Chinas. 2003 betrug das Bruttoregionalprodukt (BRP) pro Kopf 2130 USD. Es gliedert sich nach Sektoren in 8% primär, 53,6% sekundär und 38,4 tertiär. Die Summe der ADI (ausländische Direktinvestitionen) belief sich im selben Jahr auf 7,82 Mrd. USD (vgl. www.stats.gov.cn/english/statisticaldata/yearlydata /yb2004-e/indexeh.htm). 1980 wurden drei von insgesamt fünf Sonderwirtschaftszonen in Guangdong eingerichtet (Shenzen, Zhunhai, Shanton). 1988 wurde die Guangdong vorgelagerte Insel Hainan zur eigenständigen Provinz erklärt und gleichzeitig zur größten Sonderwirtschaftszone des Landes. Zudem sind der Provinz die Inseln Hong Kong und Macao vorgelagert. Die hieraus resultierenden positiven wirtschaftlichen Auswirkungen werden an späterer Stelle noch eingehend behandelt (vgl. http://de.wikipedia.org/wiki/Guangdong).

II.2.1.2) Fujian

Die Provinz Fujian (nordöstlich von Guangdong) weist eine wirtschaftlich hoch entwickelte Küstenregion auf, die vor allem von den wirtschaftlichen Beziehungen zu Taiwan sowie der SWZ in Xiamen profitiert. Das Hinterland hingegen ist stark landwirtschaftlich und von schwerindustriellen Strukturen geprägt (vgl. http://de.wikipedia.org/wiki/Fujian). Das BRP pro Kopf betrug 2003 1853,95 USD, die ausländischen Direktinvestitionen erzielten im gleichen Jahr einen

Wert von 2,59 Mrd. USD. Die Wertschöpfung verteilt sich zu 13,3% auf den primären, zu 47,6% auf den sekundären und zu 39,1% auf den tertiären Sektor (vgl.http://www.stats.gov.cn/english/ statisticaldata/yearlydata/yb2004-e/indexeh.htm).

II.2.1.3) Shandong

Shandong ist eine Halbinsel südlich von Hebei. Hier wird mit 153,9 Mrd. USD das drittgrößte BRP des Landes erwirtschaftet. Das BRP pro Kopf beträgt 1690,82 USD. Die ADI lagen 2003 bei 6,01 Mrd. USD, dies entspricht 3% des BRP. Mit 53,5% entfällt über die Hälfte der Wertschöpfung auf den sekundären Sektor. Der primäre Sektor liegt bei 11,9% sowie der tertiäre bei 34,6% (vgl. ebd.).

II.2.2) Westchina

II.2.2.1) Sichuan

Sichuan liegt östlich des tibetischen Hochplateaus. Es gilt als wichtiges Agrargebiet, vor allem durch den Anbau von Reis, Mais, Süßkartoffeln und Zitrusfrüchten. Die Regierung versucht jedoch die derzeit relativ geringe Wertschöpfung der Industrie durch die Einrichtung von Entwicklungszonen in Chengdou und Mianyang zu steigern (vgl. http://de.wikipedia.org/wiki/Sichuan). Das BRP betrug 2003 67,53 Mrd. USD. 20,7% davon entfielen auf den primären, 41,5% auf den sekundären und 37,8 auf den tertiären Sektor. Das BRP pro Kopf betrug im selben Zeitraum 794,35 USD, das Investitionsvolumen 412 Mio. USD. Dies entspricht einem Wert von 0,6% des BRP (vgl. http://www.stats.gov.cn/english/statisticaldata/yearlydata/yb2004-e/indexeh.htm).

II.2.2.2) Qinghai

Qinghai befindet sich nordöstlich von Tibet. Das BRP 2003 betrug 4,82 Mrd. USD. Auf den primären Sektor kommen davon 11,8%, auf den sekundären 47,2% und auf den tertiären 41%. Das BRP pro Kopf betrug 900,67 USD. Die ausländischen Direktinvestitionen erzielten einen Wert von 25 Mio. USD, dies entspricht 0,4% des BRP (vgl. ebd.).

II.2.2.3) Innere Mongolei

Die innere Mongolei liegt im Norden des Landes. Es erwirtschaftet ein BRP von 26,61 Mrd. USD, wovon 19,5% auf den primären Sektor entfallen. Im sekundären Sektor liegt der Wert bei 45,3% und bei 35,2% im tertiären. Das BRP pro Kopf betrug 1110,83 USD. Die Direktinvestitionen beliefen sich 2003 auf 88,54 Mio. USD (vgl. ebd.).

II.2.3) Zusammenfassender Vergleich der Provinzen

Nachdem 6 Provinzen exemplarisch herausgegriffen wurden, soll nun anhand der Daten aus Tab. 2 ein Gesamtüberblick geschaffen werden. Durch die Betrachtung der ausländischen Direktinvestitionen sowie der verschiedenen Bruttoregionalprodukte und deren Aufteilung nach Sektoren kann ein guter Überblick über den Entwicklungsstand und die wirtschaftliche Bedeutung der verschiedenen Provinzen gegeben werden.

Die gelb hinterlegten Felder kennzeichnen die westchinesischen Provinzen. Blaugrau sind die 15 höchsten Werte im primären Sektor hinterlegt. Dies erfolgt aufgrund der Annahme, dass ein hoher landwirtschaftlicher Anteil am BRP auf eine nur schwach ausgeprägte Industrialisierung hinweist. Weiters sind die 15 höchsten Werte beim BRP/Kopf orange markiert und zuletzt die 15 Spitzenwerte bei den ausländischen Direktinvestitionen. Es wird deutlich, dass 9 der 15 Werte im Agrarbereich auf Westchina entfallen, hingegen nur 1 Wert der höchsten pro Kopf Einkommen. Und auch hier ist die Innere Mongolei in der Rangliste an letzter Stelle. Besonders deutlich wird die wirtschaftlich ungleiche Entwicklung an den ausländischen Direktinvestitionen. Hier entfällt keiner der 15 Spitzenwerte auf Westchina.

Tabelle 2: Ausgewählte wirtschaftliche Daten auf Provinzebene (Stand 2003)

Region	Bruttoregionalprodukt (x 100 Millionen USD)	I	II	III	BRP/Kopf (USD/Kopf)	FDI 2003 (x 10.000 USD)
		(Sektoren in Prozent)				
Beijing	453,38	2,6	35,8	61,6	3968,19	219126
Tianjin	306,66	3,6	50,9	45,5	3283,86	153473
Hebei	878,58	15	51,5	33,5	1301,19	96405
Shanxi	304,05	8,8	56,6	34,7	920,23	21361
Innere Mongolei	266,15	19,5	45,3	35,2	1110,83	8854
Liaoning	742,93	10,3	48,3	41,4	1764,71	282410
Jilin	312,22	19,3	45,3	35,4	1155,76	19059
Heilongjiang	548,3	11,3	57,2	31,5	1437,58	32180
Shanghai	773,66	1,5	50,1	48,4	5782,28	546849
Jiangsu	1542,27	8,9	54,5	36,6	2080,45	1056365
Zehjiang	1162,81	7,7	52,6	39,7	2493,59	498055
Anhui	491,66	18,5	44,8	36,7	798,93	36720
Fujian	647,58	13,3	47,6	39,1	1853,95	259903
Jiangxi	350,32	19,8	43,4	36,8	826,53	161202
Shandong	1539,19	11,9	53,5	34,6	1690,82	601617
Henan	872,4	17,6	50,4	32	936,93	53903
Hubei	668,56	14,8	47,8	37,4	1115,29	156886
Hunan	547,13	19,1	38,7	42,2	934,95	101835
Guangdong	1686,47	8	53,6	38,4	2130,45	782294
Guangxi	338,52	23,8	36,9	39,3	738,78	41856
Hainan	83,04	37	22,5	40,5	1029,27	42125
Chongqing	278,55	15	43,4	41,6	892,25	26083
Sichuan	675,32	20,7	41,5	37,8	794,35	41231
Guizhou	167,84	22	42,7	35,3	445,94	4521
Yunnan	305,12	20,4	43,4	36,2	700,78	8384
Tibet	22,83	22	26	52	850,42	k.A
Shaanxi	296,87	13,3	47,3	39,4	802,02	33190
Gansu	161,47	18,1	46,6	35,3	621,57	2342
Qinghai	48,29	11,8	47,2	41	900,67	2522
Ningxia	47,69	14,4	49,8	35,8	828,14	1743
Xinjiang	232,39	22	42,4	35,6	1200,56	1534

Quelle: durch den Autor zusammengefasst und verändert[2] nach

http://www.stats.gov.cn/english/statisticaldata/yearlydata/yb2004-e/indexeh.htm

Renard (2002; S.199) zeigt auf, dass die Küstenprovinzen, allen voran Guangdong, Fujian und Jiangsu den Großteil der ADI auf sich konzentrieren. Im Zeitraum von 1987 bis 1997 entfielen nur

---

[2]Die Daten der Spalten BRP und BRP/Kopf wurden von Yuan in USD mit dem Wechselkurs vom 14.11.05 umgerechnet, um einen Vergleich der verschiedenen Werte zu ermöglichen (Kurs: 1 USD = 8,0795 Yuan) (vgl. http://www.finanztreff.de/ftreff/kurse_einzelkurs_uebersicht.htm?u=0&k=0&s=EURCNY&b=11&l=276&n=EUR %2FCNY%20SPOT&seite=waehrung), die Kaufkraftparität wurde nicht berücksichtigt.

12,4 % auf die 18 Binnenprovinzen. In ausländischen Direktinvestitionen pro Kopf zeigen sich die Disparitäten besonders deutlich. Während sich der Wert für die Binnenprovinzen auf 3,8 USD belief, lagen der nationale Durchschnitt bei 18,04 USD und die Küstenprovinzen bei 33,47 USD. Auf die Gründe für den hohen Zufluss von ausländischem Kapital wird im Kapitel III/2 näher eingegangen.

Es wird somit deutlich, dass die westchinesischen Provinzen im Vergleich zu den ostchinesischen deutlich schwächer in den Industrialisierungsprozess eingebunden sind bzw. werden, als die ostchinesischen und hier besonders die Küstenregionen. Dies lässt sich durch einen Vergleich der Anteile des Industriesektors auf das BRP aufzeigen. Lediglich zwei der 15 Spitzenwerte werden von Provinzen in Westchina erzielt. Zudem sind diese beiden Werte eher an der unteren Grenze der Skala angesiedelt. Jedoch stellt die Provinz Ningxia in diesem Zusammenhang eine Ausnahme dar, da hier die Werte im sekundären Sektor mit 49,8% relativ hoch sind, der Unterschied zum höchsten Wert (Heilongjiang) beträgt dennoch 7,4%. Die hier aufgeführten Disparitäten zwischen Küste und Binnenland, Ost und West aber auch innerhalb der verschiedenen Provinzen zwischen Stadt und ländlichen Gebieten sind Ziel von Entwicklungsstrategien. Nachfolgend werden die geschichtlichen Hintergründe für die starke Ausprägung von Disparitäten in China näher untersucht.

III) **Problemfeld Disparitäten**

III.1) **Abriss über die geschichtlichen Hintergründe von Regionalisierung und Protektionismus**

Wenn man die Gegebenheiten vor 1949 bzw. vor 1978 betrachtet, so kann festgehalten werden, dass sowohl Mao Zedong als auch Deng Xiaoping mit schwerwiegenden Defiziten der wirtschaftlichen Integration des chinesischen Binnenmarktes konfrontiert waren.

China war vor 1949 in mehrere Makroregionen zersplittert, die, vor allem aufgrund von Transportschwierigkeiten und geographischen Barrieren, untereinander kaum wirtschaftlich integriert waren, die verschiedenen Regionen innerhalb einer Makroregion hingegen in hohem Maß vernetzt waren. Im Gegenzug fand jedoch eine intensive Migration statt, aus der eine starke kulturelle Durchmischung und somit Homogenisierung der Kultur hervorging. Streitigkeiten zwischen verschiedenen Provinzen und der Zentralregierung verhinderten gegen Ende des 19. Jhdt. den Aufbau eines Eisenbahnnetzes. In denselben Zeitraum fällt auch die Kolonialisierung von Hong Kong und Taiwan. Dies ist vor allem für die südchinesischen Provinzen von großer Bedeutung, da sich Hong Kong zum wichtigsten Umschlagplatz für den Handel von Waren mit China entwickelte. Nach dem Zerfall des Kaiserreiches 1911 zerfiel das Land in Warlord Territorien, die wiederum zu einer zunehmenden Fragmentierung und Desintegration beitrugen (vgl. Hermann-Pillath, 1995, S.55ff.).

Zu Beginn der Ära Mao Zedong bestand demnach bereits eine fest ausgeprägte Regionalisierung und unterschiedliche wirtschaftliche Entwicklung.

III.1.1) Die Ära Mao Zedong

Die Entwicklung der chinesischen Wirtschaft beziehungsweise des chinesischen Binnenmarktes in der Zeit zwischen 1949 und 1978 weist einen deutlichen Hang zur Zellularisierung auf, auch in Bereichen in denen dies der Planung durch die Zentralregierung widersprach. Begründet ist dies vor allem in der Vermischung von Zentralverwaltungswirtschaft und einer regionalen Eigenwirtschaft. „Auf der einen Seite hat die chinesische Zentralregierung bei Gütern, die für die Volkswirtschaft wesentlich sind, stets interveniert (...). Auf der anderen Seite aber sind viele Allokations- und Produktionsentscheidungen im ländlichen Raum ohne direkten Durchgriff zentraler Pläne getroffen worden." (zit. nach Hermann-Pillath, 1995, S.60)

Durch die Kollektivierung der landwirtschaftlichen Güter und der damit verbundenen Auflösung von gewachsenen Marktstrukturen wurde eine binnenwirtschaftliche Desintegration verstärkt. Von der Zentralregierung wurde angestrebt, einzelne Regionen und Provinzen zunehmend voneinander wirtschaftlich unabhängig zu machen. Die Provinzen sollten zu einer mehr oder minder vollständigen Selbstversorgung in der Lage sein. Dies geschah unter anderem vor dem Hintergrund militärstrategischer Überlegungen, die vorsahen, dass im Falle eines Kriegszustandes das Land nicht geschlossen angreifbar war. Dies führte auch zu einer zeitweisen Vernachlässigung des Industrialisierungsprozesses in den Küstengebieten, da diese als besonders leicht verwundbar galten. Das System der Autarkie, welches sich auf der Ideologie begründet, dass „Herrschaft in hohem Maße dezentralisiert und ohne umfassende bürokratische Integration ausgeübt werden soll" (zit. nach Hermann-Pillath, 1995, S.99), wurde überlagert von einer Befehls- und Verteilungsstruktur. Landwirtschaftliche Erzeugnisse wurden vom Staat aufgekauft und an die Städte beziehungsweise die Industrie umverteilt. Im Zuge der ländlichen Industrialisierung wurden in den einzelnen Provinzen Strukturen zur industriellen Weiterverarbeitung aufgebaut, wodurch die Vernetzung interprovinzial weiter sank. Lediglich die Überlagerung durch die oktroyierte Verteilungspolitik erweckt den Anschein einer wirtschaftlichen Integration. Ein weiterer wesentlicher Punkt, der integrationshemmend wirkt, sind die häufig abweichenden Interessen zwischen lokaler Verwaltungsbehörde und Zentralregierung. So sind die Provinzen bestrebt, durch einen möglichst hohen Grad an versorgungstechnischer Unabhängigkeit mehr Macht bei Verhandlungen zu erhalten, wenn diese Provinz über Güter verfügt, die sonst kaum zu bekommen sind.

Ein weiterer wesentlicher Aspekt ist die Produktion von bestimmten Agrarprodukten in Gebieten, die für den Anbau derselben nur suboptimal geeignet sind. Dies führt unter marktwirtschaftlichen Bedingungen zu erheblichen Schwierigkeiten. Die Produktion aufgrund komparativer Kostenvorteile wird demnach ausgehebelt. Weiters wurde in der Ära Mao Zedong die Integration mit den Kolonialgebieten Hong Kong und Taiwan stark unterdrückt. Dieser Sachverhalt änderte sich erst ab 1978 (vgl. Hermann-Pillath, 1995, S.59ff.).

Das Grundgerüst des maoistischen System fasst Hermann-Pillath (1995, S.99f.) wie folgt zusammen:

- „die durchgreifende Moralisierung wirtschaftlich eigeninteressierten Handelns, da individuelle Gewinnmotive sich immer wieder als ein Faktor erwiesen, der abweichendes Verhalten im Sinne der Staatsziele verursachte;
- dementsprechend die Unterdrückung freier Märkte vor allem aus politisch-moralischen Motiven heraus, weniger mit dem Ziel der Etablierung umfassender staatlicher Planung der Wirtschaft;
- die Verleihung beträchtlicher Kontrollkompetenzen an regionale und lokale Verwaltungseinheiten mit dem Ziel, deren Eigeninitiative im Rahmen staatlicher Vorstellungen zur wirtschaftlichen Entwicklung zu aktivieren (...)
- schließlich der Einsatz dauerhaften gesellschaftlichen Konfliktes als Instrument, um eine Verhärtung individueller Machtpositionen zu verhindern, die letztendlich auch die staatliche Herrschaft in Frage gestellt hätten.“

III.1.2) Die Ära Deng Xiaoping

Der Hang zu Regionalisierung und Protektionismus konnte auch nach der wirtschaftlichen Öffnung unter Deng Xiaoping nicht gemindert werden. Im Gegenteil, der Zustand verschlechterte sich sogar. In den 80er Jahren entstanden regelrechte Handelskriege, zum Beispiel um Wolle. Grund war die Absicht der lokalen Regierungen die lokale Nachfrage durch ebenfalls lokale Produktion zu befriedigen. Um dem Konkurrenzkampf der noch jungen und anfälligen Industrie Einhalt zu gebieten, wurden Einfuhrquoten festgelegt. In Xinjiang waren beispielsweise Anfang der 90er Jahre 48 Produkte bestimmten Einschränkungen im Handel unterworfen. Somit erfolgte keine Liberalisierung und auch keine Integration des Binnenmarktes über die verschiedenen Provinzen hinweg. Tatsächlich hätte die Industrie kaum dem Konkurrenzkampf mit den hoch entwickelten Küstenregionen standhalten können. Die Küstenregionen waren von den protektionistischen Bestrebungen stark betroffen und begannen ihrerseits sich zu schützen (vgl. Renard; 2002; S.91). Bis 1983 wurden die wichtigsten Reformen vor allem auf die Landwirtschaft bezogen. Es ist anzumerken, dass die ersten Reformmaßnahmen nicht mit einer gleichzeitigen Liberalisierung einhergingen, sondern das Gegenteil eintrat, ein großer Schritt hin zur Zentralisierung. Nach Hermann-Pillath (1995, S.130) wurden zwei wesentliche Maßnahmen getroffen, um die Landwirtschaft und damit die ländliche Bevölkerung aufzuwerten:

ೞ „erstens, die Anhebung der Ankaufspreise innerhalb des staatlichen Ankaufsystems bei gleichzeitig schrittweiser Öffnung der vorher unterdrückten ländlichen Märkte,

ೞ und zweitens, die Einführung eines Pachtsystems, bei dem die Pflichten der einzelnen bäuerlichen Haushalte gegenüber dem landbesitzenden Kollektiv in Verträgen festgelegt werden, die ihnen im Gegenzug die Nutzungsrechte am Land übertrugen."

Auch wenn oben genannte Punkte nahe legen, dass eine gewisse Liberalisierung verfolgt wurde, so ist mit dem zuvor angesprochenen Schritt hin zu einer stärkeren Zentralisierung vor allem die Distribution der Güter gemeint. Dies wird durch den Erhalt des Ankaufsystems untermauert.

Erst 1982 wurde im Zuge einer Verfassungsänderung die Volkskommune abgeschafft und die traditionelle Unterscheidung zwischen Dörfern und Marktstädten wiedereingeführt. Die Eigenverantwortung der Bauern, auch wenn diese noch durch Kader gelenkt wurden, in Zusammenhang mit dem Einsatz von großen Mengen an Kunstdünger, hatte einen deutlichen Anstieg der Agrarproduktion und eine Verbesserung der Lebensbedingungen auf dem Land zur Folge (vgl. Tab.3).

Tabelle 3: Ergebnisse der chinesischen Agrarpolitik 78 - 83

Jahr	1	2	3	4
1978	32,76	8,1	-	-
1979	36,6	7,5	1,34	4,54
1980	35,95	1,4	1,8	-4,62
1981	38,29	5,8	2,28	0,01
1982	40,47	11,3	3,73	7,15
1983	40,56	7,8	0,96	8,62

1: Anteil der LW am Volkseinkommen (in %)
2: Wachstumsrate der ländlichen Produktion (in %)
3: Wachstumsrate der Besch. In der LW (in %)
4: Wachstumsrate Pro-Kopf Getreideproduktion (in %)
Quelle: verändert durch den Autor nach Hermann-Pillath, 1995, S.131

Die Regionalisierung wurde durch die unterschiedliche Liberalisierung in einzelnen Provinzen verstärkt. Drei der ersten Sonderwirtschaftszonen (SWZ) wurden in Guangdong, einer Küstenprovinz, der Hong Kong vorgelagert ist, errichtet. Auch war es dieser Provinz früher als anderen gestattet die Preise für landwirtschaftliche Güter zu liberalisieren. Die in diesem Bereich getätigte Investitionspolitik, vor allem in Infrastrukturprojekte, waren darauf ausgerichtet, möglichst rasch eine Integration zwischen den Inseln Hong Kong, Macao, Taiwan und dem Festland wiederherzustellen (vgl. Hermann-Pillath, 1995, S. 131).

Reformen in der staatlichen Industrie verfolgten das Ziel, durch Finanzautonomie den Betrieben gewisse Anreize zu bieten, zudem wurde die Investitionspolitik von der Schwerindustrie auf die Konsumgüter nahe Leichtindustrie umgestellt. Diese Vorhaben wurden jedoch nicht im Rahmen eines umfassenden Planes durchgeführt, sondern waren lokal beziehungsweise regional begrenzt. „Bezeichnend ist, dass Sichuan eine Schlüsselrolle spielte, wo ein Schwerpunkt der >> Dritten Front << des Maoismus gelegen hatte und entsprechend die strukturellen Anpassungsprobleme am größten waren." (zit. nach Hermann-Pillath, 1995, S.132).

Die Liberalisierung des Distributionssystems und die vorgenommenen Preisanpassungen führten zu einer paradoxen Entwicklung. Unternehmen hatten die Möglichkeit, durch den Bezug günstiger Energie- und Rohstoffpreise, welche von der Zentralregierung niedrig gehalten wurden, große Gewinnspannen zu erzielen. Dadurch waren die verschiedenen lokalen Politikvertretungen angehalten die ihrem Zuständigkeitsbereich unterstellten wachsenden Unternehmen vor Konkurrenz zu schützen. De facto wurde also, wie bereits oben beschrieben, Protektionismus betrieben. 1981 wurde die andauernde Fragmentierung durch die Aufteilung der Einnahme- und Ausgabekompetenzen zwischen Zentralregierung und Provinzen weiter verstärkt. Ziel dieser Maßnahme war ein erhöhtes Steueraufkommen. Im Zusammenhang mit dem Staatsbudget wurde ein Punkt besonders bedeutsam. Die Investitionen in die Industrie wurden aus dem Staatshaushalt, jedoch ohne Verzinsung geleistet. Im Zuge der Liberalisierung und dem Versuch Anreize zu schaffen, wurden außerbudgetäre Fonds eingerichtet, in welche die Unternehmen erwirtschaftete Gewinne transferierten. Somit wurden zinsfrei Investitionen getätigt, der Staat aber nicht an den daraus resultierenden Gewinnen beteilig (vgl. ebd., S.134f.).

III.2) Auswirkungen

In engem Zusammenhang mit Regionalisierung und Protektionismus stehen Disparitäten. Renard (2002, S.52) unterteilt China in drei Großregionen (ost, zentral und west). Es zeigt sich deutlich, dass sich seit 1979 die Disparitäten innerhalb der Regionen verringert haben, zwischen den drei Regionen hingegen haben die Disparitäten zugenommen. Für ersteren Fakt werden zwei Gründe herausgearbeitet. Zum einen wird argumentiert, dass die Marktmechanismen zu wirken begonnen haben, sprich die komparativen Kostenvorteile gezielt genutzt und ausgebaut wurden. Dies wiederum geschah, und dies ist die zweite Begründung, vor dem Hintergrund einer ähnlichen historischen Entwicklung und ähnlicher Ausstattung. Zwischen den Regionen wirken ein vollkommen unterschiedlicher geschichtlicher Hintergrund und dementsprechend andere Ausgangsbedingungen deutlich verstärkend auf die Ungleichverteilung. In Tabelle 4 werden die beschriebenen Umstände anhand von Zahlen, betreffend den Zeitraum von 1978 bis 1995, anschaulich dargestellt.

Tabelle 4: Der Anteil der intra- und interregionalen Disparitäten an den gesamten regionalen Disparitäten (in %)

Jahr	intra- Ost	intra-Zentral	intra- West	Interregionale Disparitäten
1978	21,52	14,95	14,57	48,95
1979	21,21	14,78	14,67	49,34
1980	21,12	14,72	14,76	49,40
1981	20,79	14,75	14,87	49,59
1982	20,67	14,77	14,91	49,66
1983	20,61	14,81	14,95	49,64
1984	20,71	14,74	14,95	49,60
1985	20,74	14,73	14,92	49,62
1986	20,76	14,69	14,91	49,64
1987	20,73	14,66	14,85	49,76
1988	20,74	14,65	14,87	49,75
1989	20,84	14,62	14,81	49,73
1990	20,78	14,70	14,78	49,74
1991	20,77	14,61	14,66	49,96
1992	20,80	14,57	14,67	49,96
1993	20,99	14,43	14,61	49,96
1994	21,09	14,36	14,68	49,87
1995	20,88	14,39	14,58	50,15

Quelle: verändert durch den Autor nach Renard; 2002; S.46

Zusammenfassend kann gesagt werden, dass weder die Strategie Maos, im Sinne einer gegen die Marktkräfte und in diesem Zusammenhang gegen die komparativen Kostenvorteile gerichtete Strategie zu einer Entschärfung der regionalen Fragmentierung und Disparitäten beigetragen hat, noch die schrittweise Liberalisierung des Marktes unter Deng. In beiden Fällen haben die Disparitäten sich eher verstärkt, auch wenn vor allem zu Beginn der 80er Jahre eine kurze Annäherung durch die beschleunigte Aufwertung der Landwirtschaft erfolgte.

Im folgenden Kapitel sollen nun einige der verschiedenen Entwicklungsstrategien herausgegriffen und genauer betrachtet werden. Hierbei werden sowohl eine ältere Strategie aus Zeiten Maos, die der dritten Front, als auch neuere Ansätze beschrieben.

IV) **Entwicklungsstrategien auf regionaler Ebene**

IV.1) Die dritte Front Strategie unter Mao

Als Mao Zedong 1949 die Macht übernahm und das kommunistische System in China etablierte, war der Großteil der Industrie in den Küstenregionen angesiedelt, vor allem in Shanghai, Jiangsu und Lianoning. Besonders in den Städten und stadtnahen Gebieten war der Industrialisierungsgrad hoch. Die übrigen Provinzen respektive Regionen hingegen waren landwirtschaftlich geprägt. Die Lösung der wirtschaftlichen wie gesellschaftlichen Probleme sah man in einer raschen Industrialisierung. Nutznießer staatlicher Investitionen sollten im ersten Fünf-Jahresplan[3] gerade die bislang benachteiligten Binnenprovinzen sein. Diese Entwicklung war jedoch sehr stark von militärisch-strategischen Überlegungen geprägt. Gerade die Küstenregionen wurden, wie bereits zuvor angesprochen, als leicht angreifbar und damit strategisch ungünstige Position für Industriebetriebe angesehen, welche vor allem im Bereich der Schwerindustrie, also der Stahl- und Aluminiumproduktion lag und in weiterer Folge in hohem Maße der Herstellung militärischer Güter dienen sollte. Dementsprechend wurden zwei Drittel der Investitionen im Inland getätigt. Gleichzeitig erfolgte eine starke Vernachlässigung der Küstenregionen. Die bestehenden Ungleichheiten wurden dennoch aber nur kaum verringert (vgl. Renard; 2002; S.88ff.).

Aus diesem Grund folgte in der nächsten Periode der „große Sprung nach vorne". In diesem Zusammenhang wurde die „dritte Front Strategie" umgesetzt. Sie beschränkt sich, in Anlehnung an die drei Fronten der Küste, des Zentralraumes und des Westens, auf die Intensivierung der Schwerindustrie vor allem in den Westgebieten. Im Zeitraum von 1964 bis 1966 rückten Sichuan, Gansu und Hubei ins Zentrum des Interesses. Von 1969 bis 1972 konzentrierten sich die Investitionen schließlich auf Sichuan, Hubei, Shaanxi, Henan und Guizhou. In den 70er Jahren entspannte sich die Situation zwischen China und den USA. Infolge dessen wurden die Investitionen im Rahmen der angedachten Strategie stark reduziert. Vielmehr richtete sich von nun an das Interesse wieder auf die Küstenregionen. (vgl. Renard; 2002; S.88ff.)

Die Vernachlässigung der Existenz komparativer Kostenvorteile, also die Durchführung einer antikomparativen Entwicklungsstrategie führte in letzter Konsequenz zu einer mangelnden regionalen Spezialisierung und zu industriellen Betrieben, die ohne eine ständige staatliche Subvention nicht überlebensfähig waren. Zudem wurden durch die punktuelle Ansiedlung der Betriebe die Disparitäten nicht abgebaut. Ebenso siedelten sich keine vor- bzw. nachgelagerten Betriebe an, wodurch wiederum keine zusätzlichen Arbeitsplätze geschaffen werden konnten (vgl. Renard; 2002; S.50ff.)

---

[3] 1953 - 1957

Die Strategie der „dritten Front" konnte die regionalen Disparitäten trotz hoher Investitionen nicht entschärfen. Zudem wurden in dieser Phase Strukturen geschaffen, die nicht alleine überlebensfähig und damit in den kommenden Phasen wirtschaftlicher Entwicklung ein schweres Erbe darstellen.

IV.2) Sonderwirtschaftszonen

Mit der Öffnung Chinas und der Absicht die Industrialisierung weiter voran zu treiben, entstand der Bedarf an speziellen Formen der Zusammenarbeit und der Know-how Akquirierung durch ausländische Investoren. Aus diesem Grund wurden von 1980 bis 1988 fünf Sonderwirtschaftszonen (SWZ) in den Küstenregionen eingerichtet. Es handelt sich hierbei um Verwaltungsgebiete, die vollständig der chinesischen Souveränität unterliegen, jedoch gelten in ihnen die Gesetze des freien Marktes. Die Positionierung (vgl. Abb.3) der ersten SWZ war mit ihrer Nähe zu Hong Kong, Macao und Taiwan nicht zufällig. Hong Kong ist zu diesem Zeitpunkt ein hoch entwickeltes Wirtschaftszentrum und einer der wichtigsten Handelspartner Chinas. Zudem wurde durch die wirtschaftliche Integration der damaligen britischen Kolonie und des chinesischen Festlandes eine Annäherung mit dem Ziel einer zukünftigen Zusammenführung beider Länder beabsichtigt. Gleiches gilt für Taiwan. Shenzhen (vgl. Abb.4), Zhuhai und Shantou (vgl. Abb.5) befinden sich in der Provinz Guangdong und somit in unmittelbarer Nähe zu Hong Kong, ebenso wie die größte der Sonderwirtschaftszonen Hainan. Die SWZ Xiamen befindet sich in Fujian und in direkter Nähe zu Taiwan (vgl. Klausing et al.; 1989; S.106f.).

Abb.3: Lage der SWZ und 14 offenen Küstenstädte

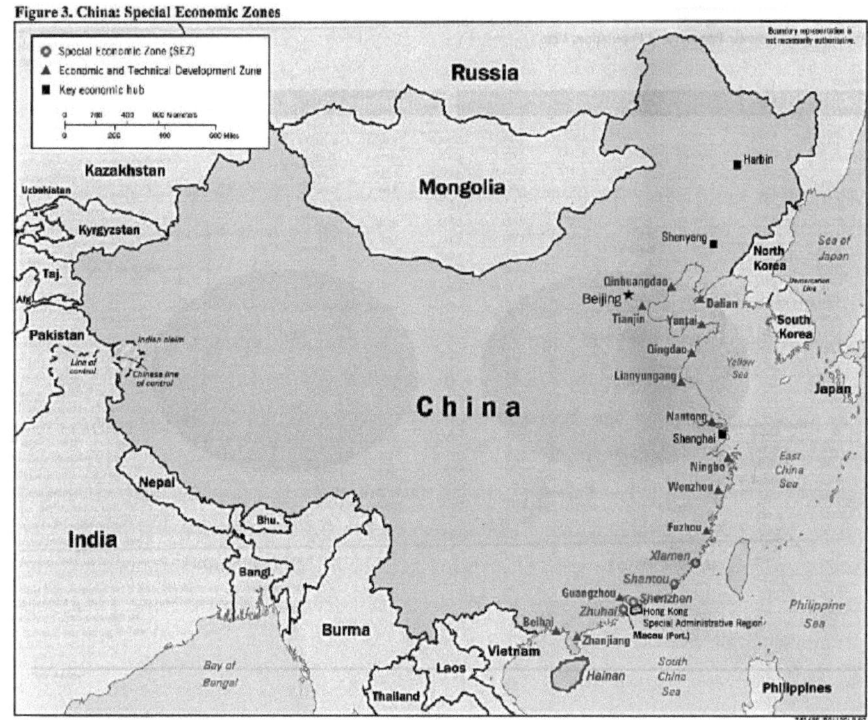

Quelle: http://upload.wikimedia.org/wikipedia/en/6/69/China_SEZ.jpg

Die Sonderwirtschaftszonen in China sind in ihrer Produktion vor allem auf den Export von Gütern ausgerichtet. In ihnen werden wissenschaftliche Forschung, Industrie und Handel integriert, zudem herrschen besondere politische wie koordinatorische Bedingungen. Es werden ausländischen Investoren Vorzugsbedingungen eingeräumt sowie Geschäftsleuten die Ein- bzw. Ausreise erleichtert. Primäre Ziele einer SWZ sind (vgl. www.china-embassy.ch/ger/8/3/t143678.htm und Schryen; 1992; S.96):

- ଔ Aufnahme ausländischen Kapitals
- ଔ Einfuhr fortgeschrittener Technologien
- ଔ Erlernen von Management- und Marketingmethoden
- ଔ Gewinnung internationaler Marktinformationen
- ଔ Ausbau des Exportes von Produkten
- ଔ Erhöhung von Deviseneinnahmen

- ∝ Teilnahme an der internationalen wirtschaftlichen wie technischen Zusammenarbeit
- ∝ Ausbildung international erfahrener Fachkräfte für Wirtschaft, Handel, Wissenschaft und Technik
- ∝ Stimulierung der heimischen Industrie
- ∝ Vertrauensbildung gegenüber Hong Kong, Macao und Taiwan

Abb.4: Lage der Sonderwirtschaftszone Shenzhen

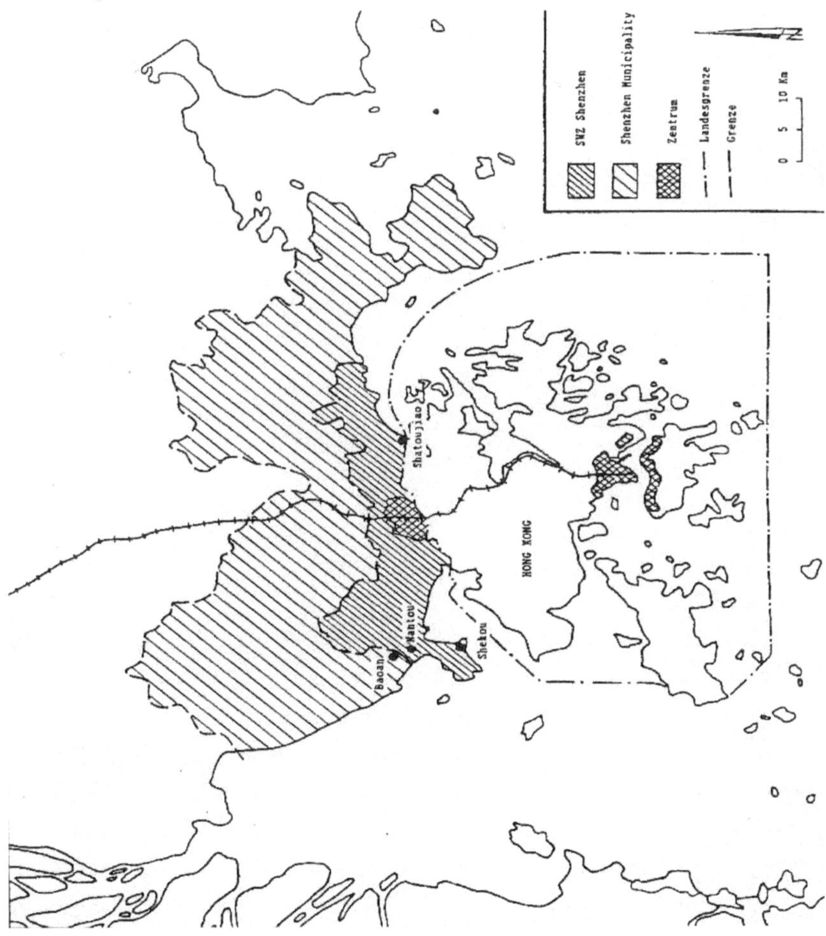

Quelle: Schryen; 1992; S.122

Abb.5: Sonderwirtschaftszone Shantou

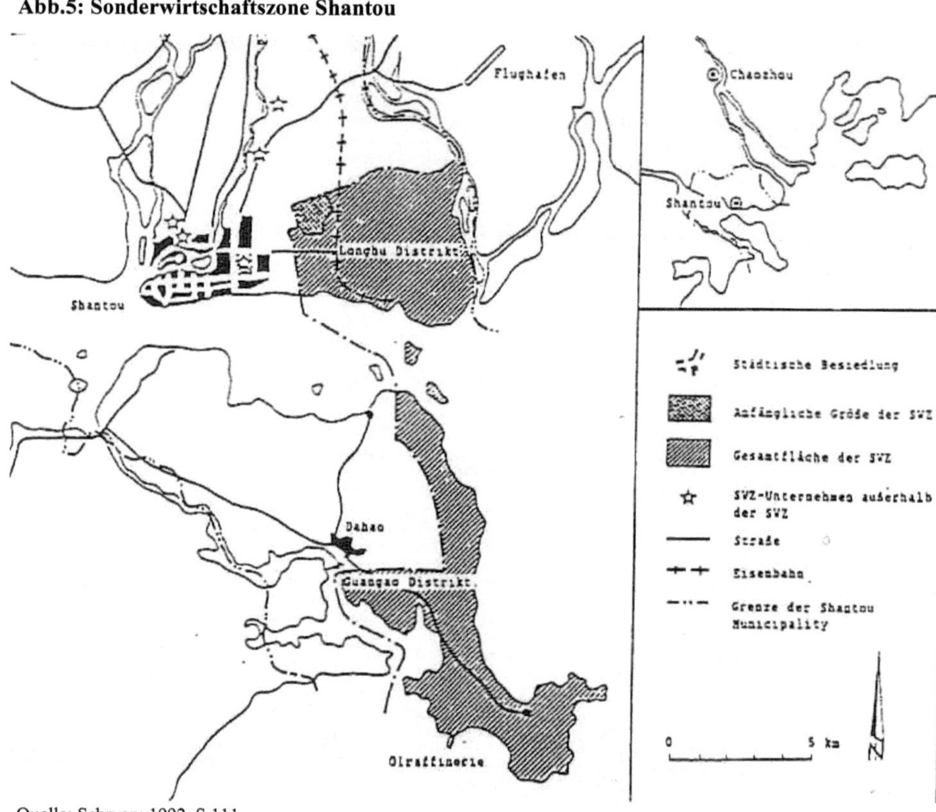

Quelle: Schryen; 1992; S.111

Nach Knoth (2000; S.21) können die erwarteten Effekte einer SWZ in drei Kategorien gegliedert werden. Zum einen werden spezielle Anreize geboten, die die zu erwartende Gewinnspanne erhöhen und somit die Attraktivität eines Ziellandes gegenüber anderen Ländern steigert. Zudem wird die Attraktivität einer speziellen Region eines Landes gegenüber anderen Regionen desselben erhöht. Ob die Auswirkungen positiv oder negativ zu beurteilen sind, hängt davon ab, ob der Nutzen durch den Zufluss von Fremdkapital ein positiver ist und ob durch die Agglomeration von Unternehmen in der SWZ positive externe Effekte ausgehen, oder ob durch die gebotenen Anreize zusätzliche Verzerrungen der Wirtschaft auftreten. Als zweite Kategorie wird angeführt, dass die SWZ die Transformation eines Landes unterstützen, indem Experimente im Bereich der Marktwirtschaft auf einem zunächst beschränkten Gebiet durchgeführt werden, um schließlich das System auf das ganze Land auszubreiten. Der dritte und in China sicherlich sehr wesentliche Punkt ist der Aspekt der politischen Legimitation der KPCh durch die Implementierung wohlstandsfördernder Maßnahmen.

Sonderwirtschaftszonen sind eine von der Exortproduktionszone (EPZ) abgeleitete Konzeption. Bislang waren Zonen zur Förderung der wirtschaftlichen Entwicklung durch spezielle steuerliche und infrastrukturelle Anreize rein auf die Produktion von Exportgütern ausgerichtet. EPZ werden als relativ kleine räumliche Gebiete definiert, die darauf ausgerichtet sind, exportorientierte Industrien anzuziehen. Sie verfolgen das Ziel, ADI aufzunehmen, Devisen zu lukrieren, den Technologietransfer zu fördern und Arbeitsplätze zu schaffen (vgl. Knoth; 2000; S.23).

Obwohl Sonderwirtschaftszonen auf dem Modell der Exportproduktionszonen beruhen, stellen sie einen umfassenderen und deutlich komplexeren Ansatz dar. Es handelt sich hierbei um Gebiete, in denen das komplexe Gefüge von primärem, sekundärem und tertiärem Sektor (vgl. Abb.6) basierend auf marktwirtschaftlichen Kriterien experimentell durchgeführt wird, um damit vertraut zu werden und bei gegebenem Erfolg das System auf das gesamte Land umzulegen. Neben der exportorientierten Industrie wird die Entwicklung von Landwirtschaft, arbeitsintensiven wie auch technologieintensiven Industrien, Tourismus, Immobilienmarkt und Kommunikationstechnologie angestrebt. Im Prinzip stellt die Exportproduktionszone (EPZ) somit eine Spezialisierung der SWZ dar. Während die EPZ keine Waren im Binnenland absetzen dürfen, ist dies in den SWZ in gewissem Umfang möglich. Jedoch wurden von der Zentralregierung nur solche Güter zum Import aus den SWZ freigegeben, die auf dem Binnenmarkt nicht produziert werden konnten (vgl. Knoth; 2000; S. 24ff. und Schryen; 1992; S.105).

Das Ziel, dass Vorprodukte, die in den SWZ verarbeitet werden, aus dem Binnenland importiert werden, wodurch zum einen Industriestrukturen aufgebaut, Know-how transferiert und Arbeitsplätze geschaffen werden können, wurde von den Unternehmen in den SWZ aufgrund mangelnder Qualität und Versorgungsengpässen nur kaum wahrgenommen (vgl. ebd.; S.27).

Abb.6: Flächennutzung in der Sonderwirtschaftszone Shenzhen

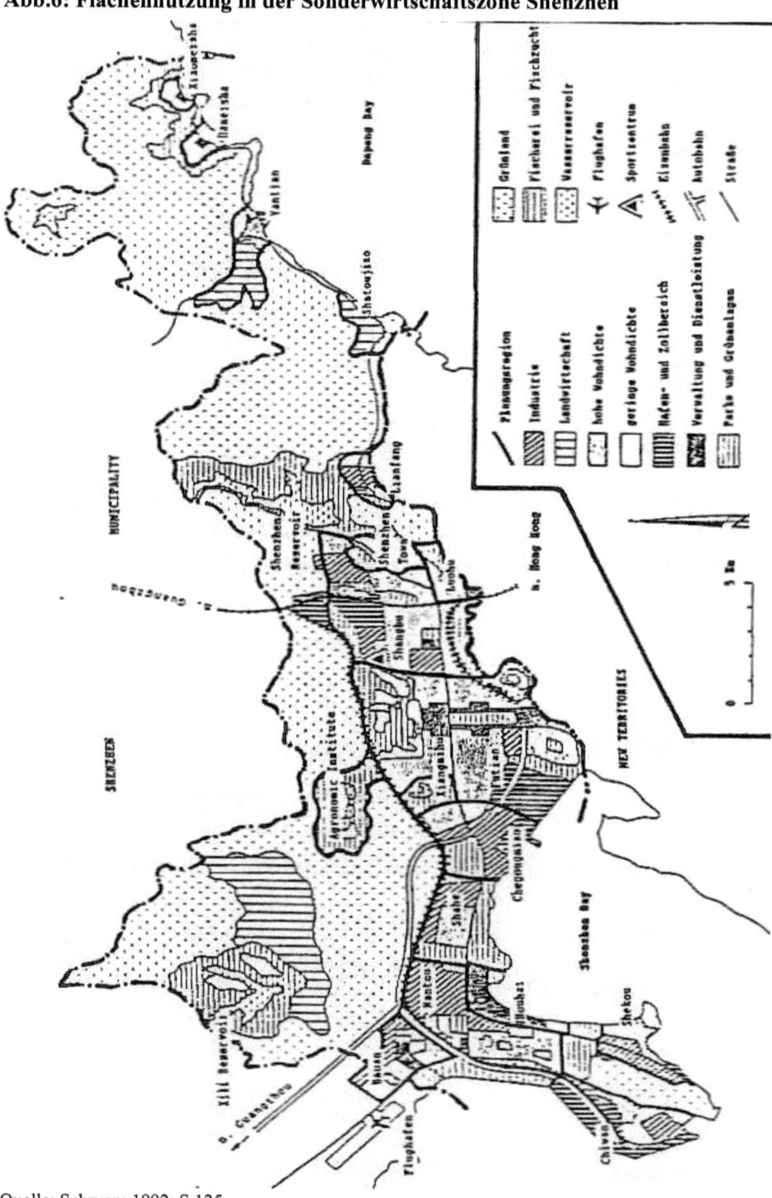

Quelle: Schryen; 1992; S.125

Die besondere Bedeutung der SWZ liegt in der Gewähr von besonderen Anreizen, um Investoren anzuziehen. Zu ihnen zählen nach Knoth (2000; S.31f.) unter anderem:

- reduzierte bzw. keine Zölle
- keine Importquoten
- keine bzw. verringerte Devisenkontrolle
- unbeschränkte Ausfuhr von Unternehmensgewinnen
- Minimum an Steuern (z.B. Körperschaftssteuer 15%)
- Weniger Bürokratie
- Optimale Infrastrukturvoraussetzungen

Knoth (2000; S.34ff.) beurteilt die wirtschaftliche Bedeutung von SWZ wie folgt. Die Beschäftigungsgewinne sind in ihrer absoluten Zahl durchaus hoch, relativ gesehen handelt es sich aber um den verschwindend geringen Anteil von 1%. Zudem kann davon ausgegangen werden, dass viele hochqualifizierte Arbeitnehmer ihren Arbeitsplatz aufgrund besserer Verdienstmöglichkeiten in SWZ verlagert haben.

Durch die Steigerung des Exports werden Devisen eingenommen und die Außenhandelsbilanz kann ausgeglichen werden. In Bezug auf den Transfer von Produktionstechnologien, Management- und Marketingstrategien wird das Ergebnis hingegen oft als unbefriedigend eingestuft, da die Investoren oft bestrebt sind, ihren technologischen Vorsprung zu schützen und dadurch der Transfer deutlich gemindert wird. Zudem wird argumentiert, dass die Fähigkeit neue Technologien zu übernehmen sehr stark vom vorhandenen Humankapital abhängt.

Durch die Ausbildung der Arbeiter in den Unternehmen werden diese mit dem neuesten Know-how vertraut und können dies später außerhalb der SWZ umsetzen. Um nach einer kostenintensiven Ausbildung von Arbeitern eine anschließende Fluktuation derselben ins Binnenland zu vermeiden, wurde per Gesetz festgelegt, dass die Arbeiter, wenn sie vor Ablauf ihres Vertrages aus dem Unternehmen ausscheiden, die Ausbildungskosten übernehmen müssen (vgl. ebd. S.33).

Über das Mittel der Sonderwirtschaftszonen konnte China also lernen, ohne gleichzeitig von den Folgen einer schnellen Marktöffnung unvorbereitet betroffen zu sein. Die Technik und das Know-how wurden über Joint Ventures und eigenständige ausländische Unternehmen nach China importiert. Vor allem aus Hong Kong und Taiwan konnten viele Investoren angezogen werden, da hier in vielen Fällen persönliche Bindungen zum Festland bestanden (Ein Großteil der Investoren sind Auslandschinesen).

Zusammenfassend kann festgestellt werden, dass die Implementierung der SWZ durchaus als Erfolg gewertet werden kann, vor allem in Bezug auf die rasante Steigerung des BIP. Der Erfolg einer SWZ hängt jedoch entscheidend von der richtigen Planung und entsprechenden politischen Entscheidungen ab. Shenzhen ist sowohl was das wirtschaftliche Wachstum betrifft, als auch bezüglich der regionalen Wachstumseffekte durchweg als positives Beispiel anzuführen. Im Gegenzug verdeutlicht das Beispiel Hainan, dass eine unausgewogene Planung die konkret verfolgten Ziele betreffend, ineffiziente und unnötige Investitionen (z.B. im Immobiliensektor) sowie Korruption und Schmuggel hohe Kosten verursachen und gleichzeitig einen geringen volkswirtschaftlichen Nutzen bringen. In diesem Zusammenhang ist die mangelnde Kontrolle und damit verbunden ein hoher Grad an kurzfristigen, spekulativen Investitionen der auswärtigen Unternehmer zu nennen. Wesentliche Erfolge brachten und bringen die SWZ's im politischen Kontext, denn durch sie war es möglich das reformorientierte mit dem konservativen Lager zu vereinen. Dadurch konnte ein hoher Grad an politischer Stabilität und Legitimation erzielt werden. Weiters ist die Funktion als Experimentierfeld marktwirtschaftlicher Kräfte zu nennen. Durch die schrittweise Annäherung konnten massive Fehler beim Übertragen ähnlicher Strukturen auf das gesamte Land verhindert werden. Gleichzeitig wurde gegenüber Hongkong, Taiwan und Macao durch das „Ein Land, zwei Systeme" Modell eine Basis für eine spätere Wiedervereinigung geschaffen. Andererseits muss festgestellt werden, dass durch die Errichtung dieser als Wachstumspole gedachten Einheiten große Ströme von Arbeit und Kapital aus dem Binnenland abgezogen wurden. Besonders im Bereich der hochqualifizierten Arbeitskräfte resultiert daraus für die Binnenwirtschaft ein erheblicher Nachteil. Überdies konnte nachgewiesen werden, dass die Spill-over Effekte von der Küste ins Binnenland deutlich hinter den Erwartungen zurückblieben (vgl. Knoth; 2000; S.223ff.).

IV.3) Offene Küstenstädte

Durch den Erfolg der SWZ bestärkt, öffnete die chinesische Regierung 1984 14 Küstenstädte (vgl. Abb.3)[4].

Das primäre Ziel lag in einem Ausbau der wirtschaftlichen Aktivität in Zusammenarbeit mit ausländischen Investoren. Um entsprechende Anreize zu bieten, wurde zum Beispiel die Körperschaftssteuer für technologieintensive Projekte auf 15% festgesetzt. Überdies sind exportierte Waren und die Einfuhr von Investitionsgütern von Zollabgaben befreit und ein Teil der produzierten Güter kann auf dem chinesischen Binnenmarkt abgesetzt werden. Außerdem wurden für Investoren die Ein- und Ausreisebedingungen erleichtert. (vgl. Geers; 1990; S.139ff. und Schryen; 1992; S.84f.).

---

[4]Dalian, Qinhunangdao, Tianjin, Yantei, Qingdao, Lianyungang, Nantong, Shanghai, Ningbo, Wenzhou, Fuzhou, Guangzhou, Zhanjiang, Beihai

Wenn sich Investoren in den speziell ausgewiesenen wirtschaftlich-technischen Entwicklungszonen (dies sind vom übrigen Stadtgebiet abgetrennte Bereiche) niederließen, erlangten sie dadurch zusätzliche Vorzüge.

Bei Projektlaufzeiten über 10 Jahren war es möglich, in den ersten beiden Jahren vollständig von Steuern befreit zu werden. Im dritten bis fünften Jahr wurde schließlich ein halbierter Steuersatz erhoben. Weiters besteht ein einfacherer Binnenmarktzugang (vgl. Schryen; 1992; S.85).

Aus dem rasanten wirtschaftlichen Aufstieg ergaben sich jedoch auch vielfältige Probleme. Neben der durch den raschen Zuwachs an Importen unausgewogenen Handelsbilanz gab es auch schwerwiegende Defizite in Bezug auf industriepolitische Zielsetzungen. Hinzu kamen infrastrukturelle Probleme. Um die Entwicklung zukünftig straffer zu gestalten, konzentriert sich die chinesische Regierung seither auf die konzentrierte Entwicklung Shanghais, Tianjins, Dalians und Guangzhous. In den übrigen Küstenstädten wird der wirtschaftliche Aufschwung vorsichtiger gestaltet (vgl. Schryen; 1992; S.86f.)

Im Anschluss an die Öffnung der Küstenstädte folgten ab 1985 das Jangtse-Delta, das Perlflussdelta, das Dreieck Xiamen-Zhangzhou-Quanzhou (Süd-Fujian) sowie Shandong, Liaodong, Hebei und Guangxi. „Ähnlich wie bei den Küstenstädten greift die chinesische Führung damit auf die Konzeption zurück, bereits entwickelte Regionen für die Verwirklichung ehrgeiziger Wirtschaftsziele zu nutzen. Alle drei Deltagebiete verfügen neben ihren günstigen physisch-geographischen Bedingungen über eine traditionell gute Wirtschaftsstruktur, die über dem Landesdurchschnitt liegt." (zit. nach Schryen; 1992; S.81/82)

!990 wurde in Shanghai die Pudong New Area gegründet und ab 1992 alle Hauptstädte sowie mehrere Grenzstädte geöffnet. Insgesamt wurden 32 wirtschaftlich-technische Entwicklungszonen und 53 auf den Bereich Hightech spezialisierte Entwicklungszonen in mehreren Groß- und Mittelstädten auf den Weg gebracht (vgl. www.china-embassy.ch/ger/8/3/t143678.htm).

IV.4) Sonderentwicklungszonen

Im Laufe der Zeit wurden die SWZ deutlich spezialisierter. Teilweise wurden oben im Text solche Spezialisierungen bereits erwähnt, wie zum Beispiel die wirtschaftlich-technischen Entwicklungszonen (Economic and Technological Development Zones). Weitere wichtige Beispiele sind Hightech Industry Zones und Freihandelszonen (diese können gemeinsam mit den EPZ als Vorläufer der SWZ gesehen werden). Letztere dienen primär der steuerfreien Lagerhaltung unter Zollverschluss sowie einem beschleunigten und billigeren Im- und Export von Gütern. Sie befinden sich zweckdienlich in Hafenstädten entlang der Ostküste. Zudem wurden Science and

Technology Industrial Parks implementiert, die vornehmlich auf die Nutzung von Spill-over Effekten ausgerichtet sind und aus diesem Grund in der Nähe von Universitäten mit einer langjährigen Forschungstradition angesiedelt wurden. Die Entwicklung und Vermarktung dieser Industrie Parks stellt einen wesentlichen Teil der Entwicklungsstrategie Chinas dar, sich in der Weltwirtschaft als respektabler Player zu etablieren (vgl. Walcott; 2003; S.45).

Um den wirtschaftlichen Erfolg der Kreation von Sonderwirtschaftszonen und ihren jeweiligen Spezialisierungen aufzuzeigen, führt Sen (2001; S.3) das Wachstum des Bruttoinlandsproduktes (BIP) an. Es lag zwischen 1975 und 1979 bei 10%, zwischen 1990 und 1994 hingegen bei 34%. Es liegt also eine Verdreifachung des BIP Wachstums seit der Implementierung von SWZ vor. Der Wert der Exporte stieg von 16 Mrd. USD 1978 auf 138,4 Mrd. USD 1995.

Mit der Errichtung von Sonderwirtschaftszonen, Sonderentwicklungszonen und der Öffnung der Küstenstädte wurde, neben den oben im Text angeführten beabsichtigten Effekten besonders eine Entwicklung des Binnenlandes im Sinne von backward linkages oder Nachahmungseffekten angestrebt. Durch die gezielte Förderung der wirtschaftlichen Entwicklung der Küstenregionen sollten die Provinzen im Binnenland angeregt werden, sich mit ersteren zu integrieren. Um entsprechende rechtliche Grundlagen zu schaffen, wurden den Binnenprovinzen 1992 ähnliche Handlungsfreiheiten zugestanden wie den Küstenregionen (vgl. Hermann-Pillath; 1995; S.83).
Um die Entwicklung entlang von Achsen ins Hinterland voranzutreiben, wurde die T-Strategie entwickelt. Hier zeigt sich der Konnex zwischen der strategischen Platzierung von Sonderwirtschaftszonen und weiterführenden Strategien zur Entwicklung des Binnenraumes.

IV.5) T-Strategie am Jangtse

Bei der T-Strategie wird versucht, mehrere Provinzen unterschiedlichen wirtschaftlichen Entwicklungsstandes entlang des Jangtse in einer Wirtschaftsregion zu integrieren und untereinander zu vernetzen. Dadurch sollen die komparativen Vorteile der jeweiligen Standorte genutzt und aufgewertet werden sowie die Barrieren und Hemmnisse zwischen den einzelnen Provinzen abgebaut werden. Es wird die Bildung überregionaler Unternehmensverbände und Kooperationsvereinbarungen angestrebt. Hierbei ist bislang jedoch das Problem der Aufteilung von Vermögenspositionen sowie Steueransprüchen zwischen den verschiedenen Gebietskörperschaften zu klären (vgl. Hermann-Pillath; 1995; S.64).
Die Grundgedanken der Strategie sind die Nutzung des Jangtse als Transportweg als auch Shanghai als „Tor zur Welt" für die Binnenprovinzen zu etablieren. Die T-Form entsteht durch den Jangtse

als Vertikale sowie die im Mündungsdelta befindlichen Küstenprovinzen Shanghai, Jiangsu und Zhejiang als Horizontale beziehungsweise Querbalken. Shanghai soll in diesem Zusammenhang als führendes Exportzentrum reetabliert werden.

Shanghai ist in seiner Industriestruktur stark auf die Leichtindustrie ausgerichtet. Der Großteil der Betriebe ist staatlich. Ziel ist nun, den deutlichen Produktivitätsrückgang und den Mangel an wirtschaftlicher Dynamik durch die Auslagerung der konsumnahen Leichtindustrie in andere Provinzen in Form von staatlich-kollektiven Joint-ventures und dem gleichzeitigen Aufbau von technologisch fortgeschrittenen Industrien zu beheben. Aus diesem Grund wurde in Shanghai die Pudong New Area gegründet und der Aufbau eines Finanzzentrums angestrebt. Aufgrund seiner wirtschaftlichen Strukturen ist Jiangsu sehr gut geeignet, die Leichtindustrie aus Shanghai zu übernehmen. Dadurch besteht ein hoher Integrationgrad zwischen diesen beiden Provinzen. Andere Provinzen entlang der Entwicklungsachse Jangtse, wie zum Beispiel Hubei, Sichuan und Guizhou, sind stark von staatlichen Subventionen abhängig und von einer schwerfälligen staatlichen Industrie belastet. Zudem zeichnen sich Sichuan und Guizhou durch eine geringe Agrarproduktivität aus. Während sich Jiangsu durch den geringen Anteil an staatlicher Industrie und die damit verbundene größere Flexibilität gut integrieren kann, wird der Aufbau komplementärer Wirtschaftsstrukturen in den Provinzen am Mittel- und Oberlauf des Jangtse verhältnismäßig schwerer fallen. Wesentliche Barrieren liegen zum einen im Wettbewerb mit Exporteuren der Küstenprovinzen, wodurch ein Aufbau eigener Exportpotentiale deutlich erschwert wird, hierin wird aber ein wesentlicher Bestandteil zur Dynamisierung der Wirtschaft gesehen. Zum anderen schränken die ländlichen Entwicklungsprobleme das Wachstum einer Binnennachfrage stark ein, die für die Küstenregionen Absatzmöglichkeiten darstellen würden (vgl. Hermann-Pillath; 1995; S.86ff).

Die Entwicklungspotentiale der Binnenprovinzen sind demnach vor allem durch den hohen Anteil der unflexiblen staatlichen Industrie und die geringe Agrarproduktivität, neben der nur sehr schlecht ausgebauten Infrastruktur, nur schwer in der Lage, an der Prosperität der Küste teilzunehmen.

IV.6) Entwicklungsleitplan Westchina (bis 2005)

Die Defizite in der Entwicklung Westchinas im Vergleich zu den ostchinesischen Provinzen erfordert von der Zentralregierung ein spezielles Maßnahmenpaket. Die Entwicklungsstrategie für Westchina wurde im Entwicklungsleitplan, den Zeitraum von 2001 bis 2005 umfassend, festgelegt. Explizit sind die in Tabelle 5 aufgeführten Provinzen, regierungsunmittelbaren Städte und autonome Gebiete betroffen.

Tabelle 5: Provinzen Westchinas

Provinz	Autonome Gebiete	RU Städte
Gansu	Guangxi	Chongqing
Guizhou	Ningxia	
Qinghai	Innere Mongolei	
Shanxi	Tibet	
Sichuan	Xinjiang	
Yunnan		

Quelle: Eigene Anfertigung nach: www.china-embassy.ch/ger/5/2/1/t188169.htm

Im Jahr 2000, als der Leitplan implementiert wurde, lebten 28,1% der Gesamtbevölkerung in den Westgebieten und erwirtschafteten dabei 17,1% des chinesischen BIP. Insgesamt leben 51 nationale Minderheiten in Westchina, wodurch sich eine besondere Dringlichkeit der Integration ergibt, um mögliche Autonomiebewegungen zu verhindern. Das Gebiet ist über 15 Grenz- und Handelsübergänge mit den 14 angrenzenden Nachbarstaaten verbunden und gilt somit als wesentlicher Bestandteil der Entwicklung einer verstärkten Zusammenarbeit in den Bereichen Wirtschaft und Handel. 1990 wurde eine Eisenbahnlinie über den Ala Pass fertig gestellt, die als asiatisch-europäische Kontinentalbrücke fungiert. 3000 der insgesamt 4000 km Bahnlinie auf chinesischem Territorium verlaufen durch Westchina. Durch den verstärkten Aufbau von Infrastrukturanlagen wie Lichtleiterkommunikation, weitere Eisenbahnlinien, Autobahnen, Pipelines usw. kann die Kontinentalbrücke in Westchina als Entwicklungsachse gesehen werden, die zur Förderung der gesamtchinesischen Integration dient. Die Südwestgebiete verfügen, wie im Rahmen der T-Strategie angesprochen, durch Jangtse über eine gute Transportverbindung nach Osten. Die vorherrschenden Defizite wurden in den vorangegangenen Kapiteln deutlich herausgehoben und sollen deshalb an dieser Stelle nur mehr Stichpunktartig rekapituliert werden:

cs Irrationelle Branchenstruktur

cs niedriges Entwicklungsniveau von Industrie und Dienstleistungen

cs unflexible Unternehmenssysteme

cs niedriges Marktorientierungs- und Urbanisierungsniveau

cs niedriges Entwicklungsniveau des Sozialwesens

(vgl. www.china-embassy.ch/ger/5/2/1/t188169.htm)

Nachfolgend werden die einzelnen Maßnahmen eingehender betrachtet.

IV.6.1) Finanzierung, Finanzen und Investitionen

Die strategischen Ziele des Leitplans liegen im Aufbau der Infrastruktur, dem Schutz und der Sanierung der Umwelt sowie einer verstärkten Entwicklung des Wissenschafts-, Technik-, Bildungs-, Kultur- und Gesundheitswesens. Zu diesem Zweck werden die Ausgaben aus dem zentralen Staatshaushalt in Westchina erhöht. Kredite von staatlichen Banken und internationalen Finanzinstitutionen werden verstärkt in diese Gebiete geleitet. Zudem sollen Unternehmen angeregt werden, in wesentliche Projekte zu investieren. Dies geschieht vor dem Hintergrund, Kapitallücken zu vermeiden und somit einen raschen Aufbau zu gewährleisten. Vorrangige Projekte sind die Wasserwirtschaft, Verkehr und Energie, Erschließung und Nutzung von Ressourcen sowie die Umwandlung von Industriebetrieben von militärischer hin zu ziviler Produktion. Bei der Verteilung von Hilfsfonds für Landwirtschaft, Gesundheitswesen, Umweltschutz usw. wird Westchina bevorzugt. Zusätzlich werden finanzielle Mittel zur Beseitigung von Armut in diesen Gebieten bereitgestellt. Die Finanzierung von Projekten durch Kredite soll verstärkt werden. „Bei langfristigen Infrastrukturprojekten mit großem Investitionsvolumen kann die Kreditlaufzeit entsprechend der Bauzeit und der Kreditrückzahlungsfähigkeit maßvoll verlängert werden." (zit. nach ebd.). Ebenfalls werden Kredite verstärkt zur Unterstützung schulischer und auch beruflicher Ausbildung ausgegeben (vgl. www.china-embassy.ch/ger/5/2/1/t188169.htm).

Die staatlichen Betriebe werden weiterhin reformiert, um die Entschuldung und die Reduktion von Schwierigkeiten voranzutreiben und den Aufbau eines modernen Unternehmenssystems zu beschleunigen. Nichtstaatliche Betriebe in Westchina werden aktiv gesteuert, um eine rasche Entwicklung zu gewährleisten. Um Investitionen inländischer sowie ausländischer Unternehmen zu forcieren, werden Überprüfungs- und Genehmigungsverfahren vereinfacht, zudem soll die Administrative serviceorientiert arbeiten. Ebenso sollen Blockadepolitik und Protektionismus beseitigt werden. „Die Industrie- und Bergbauunternehmen mit Produkten von niedriger Qualität, Verschwendung von Ressourcen und schweren Umweltverschmutzungen sowie Betriebe mit mangelhafter Produktionssicherheit müssen im Rahmen der Gesetze geschlossen werden." (zit. nach ebd.).

Investieren Unternehmen in den genannten Bereichen, so wird für einen bestimmten Zeitraum ein ermäßigter Einkommenssteuersatz von 15% gewährt. In speziellen Bereichen wie Stromversorgung, Verkehr oder Post kann in den ersten drei Jahren die Einkommensteuer vollständig erlassen werden. Steht das finanzierte Projekt in Zusammenhang mit Umweltschutz oder der Rückgewinnung von Wäldern, so entfällt für einen Zeitraum von 10 Jahren die Sonderagrarproduktsteuer (vgl. ebd.).

Der Anteil der Preise die aus marktwirtschaftlichen Kriterien resultieren, wird kontinuierlich erhöht. Der Wasserpreis wird erhöht, um einen schonenden Umgang mit der Ressource zu gewährleisten.

Für die Abwasser- und Abfallbeseitigung wird ein Gebührensystem eingeführt, die erhobenen Beiträge sind zweckgebunden (vgl. ebd.).

IV.6.2) Öffnung nach Innen und Außen

Der Dienstleistungssektor in Westchina wird für ausländische Investoren weiter geöffnet. ADI in den Bereichen Banken, Einzel- und Außenhandel sollen verstärkt zugelassen werden. Des Weiteren werden die Bereiche Telekommunikation, Versicherungen und Tourismus geöffnet. Um den Außenhandel weiter zu forcieren, werden Betriebe in Westchina beim Ausbau des Exportanteils speziell gefördert. Die Kooperation mit Nachbarstaaten wird unterstützt. Aus diesem Grund werden die Ein- und Ausreisebedingungen gelockert. Für den Import von Technologien und Anlagen, die zur Entwicklung Westchinas benötigt werden, werden bestimmte Vergünstigungen erlassen. Es wird dadurch explizit eine verstärkte wirtschaftliche und technische Zusammenarbeit angebahnt.

Innerregional soll der Aufbau paralleler Strukturen vermieden werden. Durch Fusion, Aktienbeteiligung und Technologietransfer sollen sich ostchinesische Unternehmen an der Entwicklung Westchinas verstärkt beteiligen (vgl. ebd.).

Durch die oben aufgeführten Maßnahmen wird eine stärkere Integration der Provinzen innerhalb Westchinas sowie dieser mit Ostchina angestrebt. Durch die Verhinderung des Aufbaus paralleler Strukturen wird die Möglichkeit des Protektionismus und regionaler Blockaden untergraben.

IV.6.3) Bildung, Wissenschaft und Technik

Um Fachkräfte aus dem In- und Ausland nach Westchina zu ziehen, wird das Gehaltsniveau der Beschäftigten in Behörden und Institutionen schrittweise an den Landesdurchschnitt angepasst. Zudem wird versucht, durch die Implementierung von Bau- und Forschungsprojekten die Lebens- und Arbeitsbedingungen zu verbessern. Hochschulen und Forschungsinstitute aus den Küstenprovinzen sollen durch den Austausch von Personal mit Einrichtungen in Westchina die Entwicklung fördern und die Zusammenarbeit erhöhen. Projekte, die sich im Bereich der Wissenschaft und Technik engagieren, werden durch die Zentralregierung verstärkt unterstützt. Dadurch soll das wissenschaftliche Potential sowie die Forschung im Bereich von Schlüsseltechnologien verbessert werden. Gleiches gilt für den Wissenstransfer zwischen Hochschulen bzw. Forschungseinrichtungen und der Industrie. Weiterhin wird, wie bereits angesprochen, die Umwandlung von militärischer in zivile Technik angestrebt. Die Integration von Produktion, Forschung und Studium soll langfristig vertieft werden (vgl. ebd.).

Durch eine Erhöhung der Ausgaben für Bildung soll die 9-jährige Schulpflicht auch in den abgelegenen ländlichen Gebieten realisiert werden. Es werden Gelder für zusätzliche Hochschulen bereitgestellt und mehr Studenten aus Westchina an Hochschulen der Küstenprovinzen zugelassen. Die Integration wird auf dieser Ebene durch ein Unterstützungssystem der Schulen aus östlichen Gebieten für Schulen der Westgebiete und diese wiederum die Schulen in ländlichen Gebieten intensiviert. Ebenfalls soll die wissenschaftliche und technische Ausbildung von Bauern verbessert werden (vgl. ebd.).

IV.7) Fazit

Die unterschiedlichen Ansätze zur Lösung der wirtschaftlich und sozial ungleichen Entwicklung zeigen die Komplexität der Probleme auf. Ein wesentlicher Bestandteil der Anfangsphase war die grundsätzliche Versorgung der Bevölkerung mit ausreichend Nahrungsmitteln und somit konsequenter Weise die Reform des Agrarsektors. Nachdem diese Maßnahme zumindest das primäre Ziel erreicht hatte, wurde eine Strategie für eine langfristige wirtschaftliche Entwicklung notwendig, um dadurch das Einkommensniveau sowohl der Bürger als auch des Staates dramatisch zu erhöhen. Strategisch klug war die Positionierung von Sonderwirtschaftszonen in direkter Nähe zu Hong Kong und Taiwan. Auf diese Weise konnten relativ schnell Devisen und Know-how lukriert werden. Zusammen mit einer weiteren Öffnung und der Übernahme von marktwirtschaftlichen Elementen wurde ein enormes Wirtschaftswachstum vor allem in den Küstenregionen erzielt. Der Erfolg war viel versprechend, jedoch wurde dadurch ein ständig vorhandenes Problem noch zusätzlich verschärft, die Disparitäten zwischen den Küstenprovinzen und dem Binnenland. Über die T-Strategie wurde ein möglicher Ansatz zur Lösung dieses Problems eingeführt. Die Ausführungen weisen jedoch darauf hin, dass das System der Backward-Linkages alleine hier nicht greifen wird. Im Zusammenspiel mit weiteren tief greifenden Reformen, zum Beispiel im Bereich der staatlichen Betriebe, wie sie im Entwicklungsleitplan angeführt werden, kann auf jeden Fall eine gute Strategie hin zu einer verstärkten Integration gesehen werden. Die Maßnahmen treffen den bedeutendsten Punkt, die Vernetzung der Binnenprovinzen untereinander und damit den Abbau von lokalen Blockaden und Protektionismus, als auch die Vernetzung der Provinzen zwischen Ost und West. Der Ansatz der Intensivierung des Handels mit den Nachbarstaaten angrenzend an Westchina scheint bei einer gleichzeitigen Verbesserung der Bereiche Bildung, Forschung, Wissenschaft und industrieller Produktion viel versprechend.

V) <u>Ausblick</u>

Das Wirtschaftswachstum Chinas wird auch in Zukunft, vertraut man den Prognosen, ein ähnlich hohes Niveau halten können. Geht man davon aus, dass die entwicklungspolitischen Maßnahmen ihr Ziel nicht verfehlen, so ist davon auszugehen, dass alleine der Binnenmarkt dazu in der Lage ist, die Prognosen zu stützen. Die Probleme im Bereich der Integration sind tief verwurzelt und scheinen nur schwer überwindbar zu sein. Dennoch sind die jüngsten Ansätze viel versprechend. Geht man zudem davon aus, dass der Grund für das Scheitern früherer Ansätze unter anderem darin lag, dass sozusagen ein Zweifrontenkrieg geführt wurde (also im Prinzip die Aufgabe gleichzeitig Ost- und Westchina zu entwickeln), dann kann heute eine Chance darin gesehen werden, dass Anstrengungen verstärkt auf Westchina gelenkt werden können, ohne gleichzeitig die östlichen Gebiete zu vernachlässigen. Durch die Integration marktwirtschaftlicher Elemente hat die Wirtschaft in den Küstenprovinzen eine Eigendynamik entwickelt, die nur noch geringfügig vom Staat gelenkt wird bzw. werden muss. Zudem werden durch die positive wirtschaftliche Entwicklung zusätzlich Ressourcen frei, die im Westen eingesetzt werden können. Durch die Auslagerung von Produktionsschritten von Osten nach Westen besteht durchaus die Möglichkeit, dass jene Provinzen an der allgemeinen Prosperität teilnehmen können. Dies darf aber nicht der einzige Ansatz sein, sondern muss begleitet werden von einem ganzen Bündel an Maßnahmen. Der Entwicklungsleitplan weist diesbezüglich einschneidende Veränderungen in Bezug auf die Problemwahrnehmung auf. Es scheint so, als wäre eine integrierte wirtschaftliche Entwicklung in China also keine Utopie mehr, sondern sogar wahrscheinlich.

VI) <u>Quellenverzeichnis</u>

Literatur:

CIA The World Factbook 2005:
Länderdaten China, verfügbar unter: http://www.cia.gov/cia/publications/factbook/geos/ch.html, besucht am 3.11.05
Länderdaten Österreich, verfügbar unter:
http://www.cia.gov/cia/publications/factbook/geos/au.html, besucht am 4.11.05

China Statistical Yearbook 2004, verfügbar unter:
http://www.stats.gov.cn/english/statisticaldata/yearlydata/yb2004-e/indexeh.htm, besucht am 6.11.05

Geers, D.; Die VR China – Raum, Wirtschaft, Gesellschaft; Berlin; 1990

Hermann-Pillath, C.; Marktwirtschaft in China (Geschichte, Strukturen, Transformation); Opladen; 1995

Klausing, H., et al.; China – Ökonomische und soziale Geographie; Gotha; 1989

Knoth, C.; Special Economic Zones and Economic Transformation – The Case of the People's Republic of China; Konstanz; 2000; verfügbar unter: www.ub.uni-konstanz.de/kops/volltexte/2000/501/

Renard, M.-F.; China and its Regions; Cheltenham; 2002

Schryen, R.; Hong Kong und Shenzen – Entwicklungen, Verflechtungen und Abhängigkeiten; Hamburg; 1992

Sen, G.; Post-reform China and the international economy; London; 2001, verfügbar unter: http://www.theglobalsite.ac.uk/press/103sen.pdf, besucht am 24.11.05

Walcott, S.; Chinese Science and Technology Industrial Parks; Wiltshire; 2003

Internet:

http://de.wikipedia.org/wiki/Peking, besucht am 4.11.05

http://de.wikipedia.org/wiki/Bild:China_administrative.png, besucht am 4.11.05

http://de.wikipedia.org/wiki/Provinz_%28China%29, besucht am 6.11.05

http://de.wikipedia.org/wiki/Taiwan, besucht am 6.11.05

http://de.wikipedia.org/wiki/Guangdong, besucht am 6.11.05

http://de.wikipedia.org/wiki/Fujian, besucht am 6.11.05

http://de.wikipedia.org/wiki/Sichuan, besucht am 14.11.05

http://upload.wikimedia.org/wikipedia/en/6/69/China_SEZ.jpg, besucht am 16.12.05

www.china-embassy.ch/ger/5/2/1/t188169.htm, besucht am 26.10.05

www.china-embassy.ch/ger/8/3/t143678.htm, besucht am 22.11.05

www.finanztreff.de/ftreff/kurse_einzelkurs_uebersicht.htm?u=0&k=0&s=EURCNY&b=11&l=276
&n=EUR%2FCNY%20SPOT&seite=waehrung, besucht am 14.11.05